科技爆炸啦

我的第一套

人类简史 （精选版）

王大庆◎编著

[土耳其] 格克切·阿古尔◎绘

明天出版社·济南

图书在版编目（CIP）数据

科技爆炸啦 / 王大庆编著；（土）格克切·阿古尔绘 . 一 济南：明天出版社，2022.3
（我的第一套人类简史：精选版）
ISBN 978-7-5708-1296-7

Ⅰ.①科… Ⅱ.①王… ②格… Ⅲ.①科技发展－世界－儿童读物 Ⅳ.① N11-49

中国版本图书馆 CIP 数据核字 (2021) 第 231808 号

WO DE DI-YI TAO RENLEI JIANSHI JINGXUAN BAN

我的第一套人类简史（精选版）

KEJI BAOZHA LA
科技爆炸啦

王大庆 / 编著　　[土耳其] 格克切·阿古尔 / 绘

出版人 / 傅大伟
选题策划 / 冷寒风
责任编辑 / 于　跃
特约编辑 / 李春蕾
项目统筹 / 李春蕾
版式统筹 / 纪彤彤
封面设计 / 何　琳
出版发行 / 山东出版传媒股份有限公司
　　　　　　明天出版社
地址 / 山东省济南市市中区万寿路19号

http://www.sdpress.com.cn　http://www.tomorrowpub.com
经销 / 新华书店　　　　**印刷** / 鸿博睿特（天津）印刷科技有限公司
版次 / 2022年3月第1版　　**印次** / 2022年3月第1次印刷
规格 / 720毫米×787毫米　12开　3印张
ISBN 978-7-5708-1296-7　　**定价** / 18.00元

目录

没有硝烟的"战争"

世界大战结束后，美国和苏联两个世界级强国及其同盟国又闹起了"别扭"。以美国为首的"北大西洋公约组织"与以苏联为首的"华沙条约组织"，在经济、科技、军事等领域开展竞争，但都避免发动大规模战争。

人们称这一时期为"冷战期"。

英国首相丘吉尔发表了富尔顿演说（铁幕演说），拉开了冷战的序幕。冷战对峙主要表现在欧洲。

战败的德国的大部分地区（包括首都柏林），被美国、苏联、法国、英国四个战胜国瓜分。由美国、英国、法国掌控的德国地区，成立了"联邦德国"，称为"西德"，随后不久，苏联掌控的地区成立了"民主德国"，称为"东德"。柏林也随之分成了东西两部分。

民主德国在东西柏林间的分界线上建起了一堵高墙，防止居民迁往联邦德国。这道墙被称为"柏林墙"。

柏林墙建好之前，已有大量民主德国的人民迁往联邦德国，柏林墙建好之后，人们想尽办法翻越柏林墙，有人甚至因此付出了生命的代价。

受战争影响，有的国家分裂成了不同国家，有的国家开始摆脱大国的殖民统治获得独立。国与国之间又建立起不同的组织，为维护世界和平等而建立的"联合国"就是其中之一。

联合国作为协调各国行动的国际组织，宗旨是维护国际和平与安全，发展各国之间的友好关系等。

经历了两次世界大战后，世界在很多方面都变得与原来不一样了，人们的思想被打开，科技飞速发展，一些只存在于科学幻想中的东西成了现实。

这个时代也是科学家们的时代，新的思想和新的理论不断涌现。科技改变了世界，也在改变人们的生活。

"太空争霸"

美国和苏联不只是在"地上"较劲，他们在"天上"也没闲着。

无线电波能帮助人们测算地球与邻近的一些天体间的距离。

> 我们知道了无线电波的速度，只要测出它在地球和月球间往返一趟所需的时间，就能算出地球和月球间的距离。

科学家在导弹的基础上发展出了运载火箭。这种火箭的用途是把人造地球卫星、载人飞船等航天器送入预定轨道。

20世纪时，电磁波理论及应用不断取得重大成就，使电磁波技术成为探索宇宙空间的重要途径。无线电波也是一种电磁波，它不仅能帮助人类实现地面信息传递，在太空中也可以传递信息。

没过多久，美国和苏联开始向太空中陆续发射人造卫星、载人航天器、空间探测器等多种航天器。其中，人造卫星中的通信卫星能作为中继站，反射或转发无线电波，实现信息传递。

苏联率先将世界上第一颗人造卫星发射上天，当时，全球各地的人都可以用收音机收听到它从太空发出的"滴滴滴"的信号声。

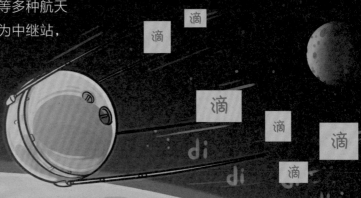

世界其他国家也先后加入了这场"太空竞赛"。从1957年第一颗人造卫星发射升空到1984年底，世界各国共发射了几千个航天器。

据说，美国曾用航天器搭载猴子到太空中飞行，它成为早期太空飞行活动中存活下来的灵长类动物，为将来载人航天做了准备。

人们不只向太空中运送各种航天器，也开始考虑并尝试将生命体送到太空。对太空的探索使人类的活动范围从地球扩展到了太空。

美国宇航员阿姆斯特朗乘坐"阿波罗11号"飞船进入太空，并成功登上月球。

我的一小步，人类的一大步。

苏联宇航员加加林成为第一个进入太空的人。人类飞向太空的梦想终于实现。

被改变的生活

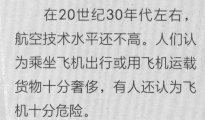

在20世纪30年代左右，航空技术水平还不高。人们认为乘坐飞机出行或用飞机运载货物十分奢侈，有人还认为飞机十分危险。

据说，美国率先开通了一条跨越大西洋的商业航班，每趟航班可载二十余人飞越大西洋。

第二次世界大战推动了科技发展，也为航空运输业带来了技术革命，飞机的安全性等得到了提升。50年代出现的喷气式民用飞机大量投入航空运输业，使得"乘坐飞机出行""飞机运送货物"越来越普及。

飞机刚诞生时，每一次飞行几乎都是一次死亡体验，没有人可以保证起飞之后能平平安安地回到地面。二战时，飞机性能得到了提高，成为战斗"主力"之一。一些先进的技术在战后开始应用到民用飞机，使飞机的安全性越来越高。

战争结束后，不只是人们的出行方式更多元了，电视直播、转播等也进入了人们的生活。

20 世纪 20 年代中期，电视只在个别的城市播出，收看距离一般只有几十千米，甚至无法在其他城市收看。后来出现了微波接力线路，城市之间才实现了实时转播和节目交换。

通信卫星发射后，电视信号传送得更远了。人类首次登月时，全球有几亿人通过电视观看了这一"实况转播"。

20 世纪 60 年代末，人们利用在大西洋、印度洋和太平洋上空的三颗同步通信卫星，使全世界有地球基站的国家和地区之间能够进行电视节目的传送和交换。

历史知多少

在赤道上空等间隔分布着三颗同步通信卫星，几乎能实现全球通信。

崛起的城市

你是否好奇过,世界上究竟有多少人呢?在人类漫长的历史发展中,几千年来世界人口一直处于缓慢增长的状态,到1800年时,全世界人口大约有10亿。

之后,世界人口急速增长。到了1930年,人口约有20亿,到1999年时,已有约60亿人共同生活在地球上啦。

我们一步一步走出了地球。

"人口爆炸""饥荒将至"等词语常出现在人们的生活中,大家都在感叹人太多了。

人们谈论太空探索,憧憬着将来移民到其他星球去。

随着科技发展、社会变化,不仅人口增长了,城市也变多了、变大了,甚至出现了"超级城市"。城市的大楼修建得越来越高,而且造型独特。

20世纪,金属材料、复合材料等得到了很大的发展。有了合适的材料,人们能创造更多独具特色的建筑。

20世纪初，伦敦人口超过450万，成为当时世界上最大的城市。因其市区湿度大、多雾，加上工厂多，烟尘大，显得雾蒙蒙的，被称为"雾都"。不只是伦敦，当时许多大城市的空气都不是很好。

有毒！

在美国纽约，一座座摩天大楼拔地而起，遮天蔽日，富丽堂皇的酒店和百货商场星罗棋布，各式各样的时髦轿车在宽阔的马路上奔驰。

不可忽略的是，发达的通信技术、便利的交通，让城市与城市、国家与国家之间的距离显得越来越近，人们致力于打造"地球村"。

English

世界上有多种语言，为了更好地交流，有人提出重新创造一种属于全人类的"世界语"。不过，英语在世界多个国家中已有一定的影响力，并被一些国家和国际组织定为官方用语，是当时影响力较大的国际通用语言之一。

HI!

你好！

粮食的革命

这个时代，粮食问题仍然令人担忧。在"人口爆炸"一说被提出来后，甚至有人预言人类终有一天会因缺少粮食而灭亡。在那些人口呈爆发式增长的国家，一些人声称他们会面临严重的粮食危机。

1945年，联合国粮食及农业组织成立，遇到粮食问题的国家可以向他们发起求助，获得国际援助。

粮食充足的国家为陷入饥荒的国家提供粮食救助，飞速发展的交通让这样的援助快捷起来。

美国农业科学家博洛格培育出了大量抗病、高产、适应性强的春小麦品种，并在墨西哥等国推广，起到了明显的增产作用。

除了国与国之间相互帮助外，科学家们也在不断寻找提高粮食产量的方法。

不要浪费粮食的口号也随着各种宣传手段传遍世界。

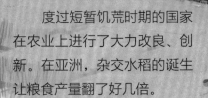

度过短暂饥荒时期的国家在农业上进行了大力改良、创新。在亚洲，杂交水稻的诞生让粮食产量翻了好几倍。

中国曾经也是受粮食救援的国家之一，后来，杂交水稻的出现实现了粮食大增产，让中国从粮食受援国成为援助国。

农业的机械化也让耕种粮食等农业生产工序的效率得到了提高。

小麦　水稻　　主要的粮食作物

石油是重要的能源，也是生产各种石油产品和化工产品的重要原料。

在机器的帮助下，无论是在农业领域还是在其他的领域，人类的工作效率都得到了提高。人们大量开采这些能让机器"动起来"的物质——石油等能源。

人类大量开采各种能源的行为加剧了能源枯竭的速度，使用石油等能源也给环境造成了一定的污染和破坏。一些人意识到了问题的严重性，开始呼吁使用清洁能源。开发新能源和可再生能源成了能源开发利用的潮流。

解译身体里的"密码"

人类和疾病的战斗从未停息过，到20世纪时，医生得到了科学技术的大力帮助。

胰岛素的发现使过去无药可治的糖尿病患者得到挽救。

能让骨头"现形"的X射线开始被广泛应用，人们透过灰蓝色的照片看到了自己身体里的情况。

医学的"奇迹"

开始推行疫苗接种后，1980年，世界卫生组织宣布，曾经夺走了许多人性命的天花已在全世界范围内被消灭。

如果这些还不够令人惊讶，那么给心脏病患者换一颗健康的心、给肾脏坏掉的人换一个健康的肾，够不够厉害呢？

1982年，世界上第一例人工心脏移植手术在美国获得成功。

英国人豪恩斯·菲尔德成功研制出了电子计算机X射线断层扫描机，也就是人们常说的"CT"。

到20世纪，在先进科学仪器的帮助下，脑科神经手术的成功率也大大提高了。

病人只需要到机器里照一照，医生就能看到病人脑袋里的情况。

除了这些与疾病的战争外，这一时期科学家们发现了脱氧核糖核酸（DNA）是螺旋形的。

人们发现这些微小的DNA决定着我们的身体"长"成什么样，一些特殊的DNA变化，会让人们变得不太一样。

DNA是什么呢？它是我们身体里的小"密码"。它十分微小，但十分重要。你可以把它想象成组装玩具的说明书，它决定了什么东西应该放在哪儿，但它又是一份会变化的说明书。

我们头发的颜色、鼻子的形状甚至我们有几条腿，主要由DNA来决定。

覆盖世界的"大网"

17世纪时，欧洲数学家已开始设计和制造能进行基本运算的数字计算机了。20世纪，世界上第一台电子计算机问世。

晶体管的诞生开启了微电子时代的大门。

早期的计算机埃尼阿克（ENIAC）是个笨重的庞然大物。

早期计算机的主要用途是完成复杂的算术运算、信息储存等。

相传，美国物理学家阿塔纳索夫发明的计算机"ABC"，与埃尼阿克诞生时间相近，引发了谁是第一台计算机之争。

紧接着，蒂姆·伯纳斯·李发明了万维网，也就是我们常说的"网页"。它的出现，让生活在不同地方的人可以轻松地从网上获取信息。

世界上第一只鼠标的诞生，标志着人类与机器的"互动"进入一个新的里程。

最早的互联网叫"阿帕网络"。它是美国军方的无线电通信网。它实现了长距离的信息传递。

汤姆·林森使用了@这个符号作为电子邮件的标志。

网络推动了计算机应用的发展。美国程序员汤姆·林森设计出了电子邮件系统，成功发出了世界上第一封电子邮件。

随着价格便宜、体积小、易于使用的微型计算机的出现，计算机进入了人们的生活。"网上冲浪"曾是这个新时代的重要名词之一。

亚马逊网络购物

2001年维基百科诞生，成为世界上最早的在线百科平台。

诺贝尔奖与获奖者

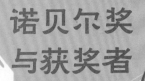

瑞典化学家阿尔弗雷德·诺贝尔曾立下遗嘱，用大部分遗产成立一个基金会，每年颁发奖金给在前一年为人类做出杰出贡献的人。1900年，瑞典按其遗嘱设立了诺贝尔奖。

各个奖项的获得者会在瑞典的大学进行通俗易懂的科学讲座。

奖牌

每年12月颁发诺贝尔奖。

居里夫人和丈夫都曾获得诺贝尔奖，他们的长女和女婿也获得了诺贝尔奖。

德国科学家伦琴凭借X射线的发现，获得了1901年的第一届诺贝尔物理学奖，他甚至忙得不想去领奖。据说当诺贝尔奖委员会邀请他前去领奖时，他以路途遥远为由，希望能寄送奖牌与奖金，但是被委员会婉拒。伦琴无奈地前往斯德哥尔摩，但他领奖后就立即打道回府，连获奖者的讲座也取消了。

你不知道居里夫人是谁？她是历史上第一个获得两项诺贝尔奖的人，而且是在两个不同的领域获得诺贝尔奖。

相传，一位诺贝尔奖的评委一直怀疑爱因斯坦的理论的正确性，使得这位伟大的科学家整整晚了16年才获得诺贝尔奖。

上帝不会投骰子，没有那么多不确定性。

爱因斯坦，你是在教上帝做事吗？

薛定谔提出了"猫与盒子"的实验（又称"薛定谔的猫"）。他原本是想帮助爱因斯坦"打败"玻尔，可是这个实验反倒证明了玻尔的理论是正确的。

在打开盒子前，我们不知道猫是活着还是死了，所以猫死了的同时又活着。

科学家们总在"吵架"也是这个时代的标志之一。比如爱因斯坦和玻尔，他们在学术上持相反的观点，时常展开各种争论。正是对真理的追寻和这样的"争吵"，让他们开创出了这般绚烂的科学时代。

薛定谔
（提出物质是什么）

玻尔和爱因斯坦的论战

他们开创了科学的黄金时代

爱因斯坦
（提出相对论）

纳塔
（合成人工高分子）

哈恩
（发现了核裂变）

福勒
（提出元素起源说）

玻尔
（量子力学、原子弹理论研究者之一）

穆勒
（提出辐射与基因突变）

克里克
（发现DHA的双螺旋结构）

鲍林
（研究化学键本质）

海森堡
（量子力学创始人之一）

我们"独立"啦

20世纪，国家独立也是重要的主题。许多被殖民的国家陆续脱离强大帝国的控制，宣布独立。1960年非洲有17国先后独立，史称"非洲独立年"。

有人将世界各国划分成了三个"世界"。美国、苏联两个超级大国为"第一世界"，其他发达国家属于"第二世界"，发展中国家则属于"第三世界"。

在世界反法西斯战争胜利后，民族独立运动席卷亚非拉，摧毁了资本主义经营了几个世纪的殖民统治。

印度的甘地倡导"非暴力不合作"运动，被称为"圣雄"。尼赫鲁深受其思想的影响。

尼赫鲁是不结盟运动和万隆会议的倡导者之一，一直致力于争取印度的民族独立。

1961年第一次不结盟运动国家首脑会议召开。

圣雄甘地

尼赫鲁

亚非国家开始思考应该如何为人民创造幸福生活。为此，他们召开了多次亚非会议。

1955年召开的第一次亚非会议（通称"万隆会议"）中反映出的争取和维护民族独立、保卫世界和平和各国友谊等精神、思想，被称为"万隆精神"，载入史册。

历史知多少

1956年，埃及收回了苏伊士运河的主权，结束了英国对埃及的压制。1984年，中国与英国签署关于香港问题的联合声明，宣布香港将于1997年回归中国。

在大家都倡导和平之际，1991年爆发了一场现代化高科技水平的战争——海湾战争。

伊拉克和科威特两国之间因领土和石油问题一直在"吵架"，最终伊拉克向科威特发起了进攻，联合国要求伊拉克停战，但被拒绝。于是以美国为首的多国部队对伊拉克发动了海湾战争，将伊拉克军队逐出了科威特。

告诉世界，"我有一个梦想"

这个时代的人，就像被魔法师施了魔法，思想开始变、变、变，变得不一样起来。人们开始关注电视里民权运动领袖马丁·路德·金的各种消息，他的著名演讲——《我有一个梦想》，被人们深深铭记。越来越多的人敢于说出自己的想法。

20世纪60年代以前，人们还没有清醒地认识到环境保护的重要性。随着世界范围内公害事件的频繁发生，人们发现，短短几十年里，工业发展把人类带入了一个被毒化的世界。

这个时代的人已经失去了自由呼吸的权利！

很多城市都受到有害烟雾困扰，这些烟雾大多来自汽车尾气、工业排放，危害着人们的健康。

美国洛杉矶市上百万辆汽车排放出的大量尾气在日晒下形成了光化学烟雾，在20世纪50年代，这些光化学烟雾导致全市约四分之一的居民患上了眼病。

有不少人开始反对科技进步，他们认为人类在自我毁灭。但是更多的人不这样去思考问题，他们意识到在发展科技的同时，人类也应该保护好环境。

一本叫作《寂静的春天》的书开始流传，让人们认识到肆意使用农药的危害！

与此同时，一部分科学家开始呼吁人们保护地球的特殊一角——南极洲。有12个国家率先签订了《南极条约》，之后又有更多国家加入。它已成为调整各国在南极洲活动的重要法律文件。

多个国家在南极洲建立起基地并进行了史无前例的研究。南极地区已成为"世界上最好的天然实验室"以及国际合作科学考察的范例。

他们是"垮掉"的一代人

20世纪50年代，摇滚乐在美国兴起。到了60年代，摇滚乐的风格更为多元，出现了不同的流派，影响力和参与者超出了美国本土。如以披头士乐队为代表的英国摇滚乐队，也为摇滚乐的发展做出了贡献。

披头士乐队是60年代以来最具影响力的摇滚乐队之一。"披头士"在许多场合下也成为一种独特风格的代名词。

莱斯·保罗将两个拾音器固定在实心的木板上，创造出了新型电吉他的雏形，这是吉他历史上的伟大时刻。从此以后，这种实心的可以通过电声扩声的新型电吉他，成了现代音乐舞台上最重要的角色之一。

和平

摇滚乐以电吉他、架子鼓和电子键盘等乐器为主要乐器，是一种有人声演唱的音乐。

后来嬉皮士出现了，20世纪又有了新的色彩。反主流文化在那些对未来感到茫然的年轻人中盛行，并逐渐在更广大的人群中传播开来。

嬉皮士是一群宣扬快乐主义、和平主义的反主流文化的人，他们通过穿奇装异服等行为发泄对社会的不满。

这时的美国正在越南战争的泥沼里苦苦挣扎，国家需要招募更多年轻人参加战斗，但是很多年轻人开始对战争说"不"。

停止战争！

越南战争是美国为争夺世界霸权，对越南、老挝、柬埔寨三国进行的侵略战争。因主战场在越南，故名"越南战争"。

一个叫迪士尼的人想让大家看看这个世界存在着美丽的童话，于是享誉全球的迪士尼就诞生了。

20世纪50年代初，毕加索积极参加了保卫世界和平的运动，他为保卫世界和平大会所画的鸽子成了大会的会标，被称为"和平鸽"。

人们的娱乐、运动、服装、艺术等方面也有了变化。童话一般的迪士尼乐园、热血澎湃的NBA职业篮球赛、琳琅满目的商品上的波普艺术，丰富了人们的生活。

毕加索
西班牙画家

"魔术"一般的3D 电影

你喜欢看电影吗？尤其是那种仿佛能从屏幕上跳出人来的立体电影——3D电影。19世纪时，英国的科学家查理·惠斯通爵士发明了一种神奇的眼镜，它能让人们在双眼看到图像的同时体验到不一样的立体视觉效果，它就是3D眼镜的"祖先"。

20世纪，电影技术得到了长足发展，使电影逐渐从"杂耍"走向"艺术"。电影也从"黑白无声"一步步变成了"彩色有声"。

想了解更多关于电影的历史故事，可以去看本套书中的"糟糕的战争"分册。

电视的诞生曾一度危及电影的生存与发展，电影艺术家们想尽办法将观众重新"拽回"影院。新奇的立体电影和数字技术的引入，使电影又有了新的活力。

讲述非洲探险的《非洲历险记》通常被认为是史上第一部真正的 3D 长片。

尽管当时有人声称该片"廉价、荒谬"，但观众们仍然热情地挤进电影院去体验片中的"自然视角"。

随着科幻电影的兴起，人们的想象力被点燃了，人们致力于给屏幕戴上"眼镜"——全息技术已成为一种很酷的未来技术。

全息立体投影是将电影立体化，人们不需要再戴着 3D 眼镜也能观看立体逼真的 3D 电影。

致敬喜剧大师卓别林

《城市之光》是卓别林最后一部无声电影。

NEIN!

《大独裁者》是卓别林的第一部有声电影。

《香港伯爵夫人》是卓别林最后一部电影，也是他唯一的彩色电影。

倒塌的隔阂

还记得前文提到的柏林墙吗？1989年的一天，这堵分隔东德和西德的柏林墙被推倒啦。次年，分离了几十年的东德和西德也合二为一，重新成了统一的国家。

相传，东德政府只是放宽了限令，允许公民申请前往西德。然而，政府代表在发布这一通知时，误说成了"立即开放柏林墙"。消息一出，人们立马涌到墙边拆除了部分柏林墙。

柏林墙的倒塌被历史学家认为是德国统一的标志，也是东西方冷战结束的标志。

历史知多少

在隔离期间，柏林墙西侧就有艺术家涂鸦。墙拆除以后，艺术家们在残损的墙体上继续创作。其中一段残存的柏林墙成了露天画廊。

在20世纪80年代末90年代初，苏联和东欧的几个国家发生了剧烈变动。乌克兰、白俄罗斯等国脱离苏联，相继独立，苏联也在1991年解体，冷战成了过去式。

早在1946年，英国首相丘吉尔就曾提议建立"欧洲合众国"。

另一些欧洲国家则认为联合起来可以更好地发展经济，于是它们在战后开始组成各种"欧洲共同体"，直到1993年，很多欧洲国家融合成为"欧洲联盟"（简称欧盟）。

欧盟国家开始使用统一的货币——欧元。

在悄然改变的国际环境中，人们对太空探索依旧充满热情。1990年，哈勃空间望远镜飞上了太空，到了1998年，几个国家开始联合建立第一个国际空间站。人类在太空中有了一个可以长期生活和做太空研究的地方。

哈勃空间望远镜的主要任务是探测宇宙深空，解开宇宙起源之谜，帮助人们了解太阳系、银河系和其他星系的演变过程。

国际空间站是由美国和俄罗斯为主，联合多个国家共同建造的空间站。美、俄两国负责主要组件和设备的研制及运行。

第二次世界大战结束后，有一些人出于某种目的，有组织、有计划地使用暴力去对抗普通公民，伤害无辜的人。这些人被称为"恐怖分子"。

2001年9月11日上午（美国东部时间），两架被恐怖分子劫持的民航客机分别撞击了美国纽约世界贸易中心一号楼和二号楼。两座建筑在遭到撞击后不久相继倒塌，之后，另一架被劫持的客机撞击了位于华盛顿的美国国防部五角大楼。第四架被劫持的飞机在宾夕法尼亚州的匹斯堡坠毁。

该事件被称为"9·11事件"，它是发生在美国本土的最为严重的恐怖袭击行动。

对于全世界人民而言，反恐怖活动将是一项长期、艰苦和复杂的斗争，需要人们团结起来，共同战斗。

拥抱大海

人类不仅在太空中留下了足迹，在神秘的海底世界也开展了各种探险活动。

法国作家凡尔纳在19世纪出版的《海底两万里》预见了人类深入海底的情况。到20世纪，书里面的许多技术都实现了。

1954年，美国建造了第一艘核动力潜艇，取名"鹦鹉螺号"。它完成了震惊世界的历史性航行。

进入海洋深处，人们发现海底并不像过去所认为的那样平坦。海底也有高山逶迤和低谷连绵。

人类利用装备潜水的历史非常悠久。后来人们还研发了无人潜水器，代替人类潜入更深的海底。

马里亚纳海沟被称为"世界最深海沟"。1960年，人类乘坐"的里雅斯特"号潜水器创下潜入此海沟10911米深的记录。

人们在魏格纳提出的大陆漂移说的基础上又融合了多种学说，创立了海底扩张说，该学说提出，洋底与大陆一样在移动。

日本青函海底隧道是世界上最长的海底隧道。

海底隧道

大海是一座宝库，不仅有丰富的海洋生物，更有诸多资源。

人们利用潮汐来发电、在海底找寻可以燃烧的"冰"——可燃冰，甚至连不能直接喝的海水，都开始被过滤淡化，为人类所利用。

世界上已建成的规模较大的潮汐发电站有：1967年建成的法国朗斯电站，1984年加拿大在芬迪湾建成的安纳波利斯电站等。

20世纪50-60年代，多国建造了一大批多用途的航空母舰。

在海面上，巨大的航空母舰和大油轮排水而来，它们像海洋上的巨鲸，让人们能自由驰骋海洋。

沿海的陆地出现了许多港口。集装化的机械作业都依靠码头上的起重机完成，在港口很少能看到工人的身影。

水果、鲜花、食品、酒和橄榄油等，通过海运运输更经济便利。

历史知多少

为保障海上航行船舶上的人命安全，世界各国订立了《国际海上人命安全公约》。

敲开人工智能的大门

人们体验过电脑带来的便捷后，又开始嫌它木讷。

能不能让它更懂人们的想法、让它更聪明一点呢？那不就是让机器拥有智慧吗？这是一件多么不可思议的事情呀！

如果一台计算机能引导一个人相信它是一个人，那么应该说这样的计算机就是智能的。

在20世纪之前，人们或许不会相信这样的想法会成真，但是在科技大爆炸的20世纪，任何一种有趣的观点都会被人仔细思考。

"计算机之父"图灵用数学理论解释了"机器能否拥有智能"这个问题，他提出了著名的图灵测试，启发并鼓舞了人工智能领域的探索者们。

在第一台计算机研制成功后，人们开始探究如何让计算机处理更复杂的信息。1956年，美国计算机科学家麦卡锡提出了"人工智能"一词。

Waiting...

据说，美国麻省理工学院人工智能实验室的约瑟夫·维森鲍姆教授开发了伊丽莎（ELIZA）聊天机器人，让计算机通过文本与人交流互动。

1968年，亚瑟·克拉克和斯坦利·库布里克创作的电影《2001太空漫游》上映。影片中设想2001年将会出现达到或超过人类智能水平的机器。当时许多人工智能研究者相信到2001年这样的机器会出现。

想法是好的，但技术需要慢慢进步。

1997年，国际商业机器公司（IBM）的国际象棋电脑"深蓝"战胜了国际象棋世界冠军卡斯帕罗夫。据说，"深蓝"储存了大量的高手对局棋谱，方便它在对局时寻找方案，并预测接下来的12步棋的走向。

能买到全球商品的大超市

1930年，第一家超级市场在美国纽约诞生。到1960年，在纽约等大都市，你已经可以在超市里买到世界各地的东西了！

据说，自从发明了马铃薯削皮机，将马铃薯做成薯片就更容易了。于是薯片开始广泛流行起来。

膨化食品是20世纪60年代末出现的一种新型食品。它的原料主要是玉米和马铃薯。

薯片的袋子里填充的是氮气而不是空气。氮气可以有效防止薯片受潮软化，长时间保鲜，也能避免在运输和销售过程中薯片破碎过多。

方便面的发明者叫安藤百福。安藤在大阪自家住宅的后院建了一个不足10平方米的小屋，多次试验后终于研制出了方便面。

方便面问世后，短时间内普及全日本，并逐渐在全世界推广。20世纪末，日本方便面年产量居世界第一。

利乐包装是最早的牛奶包装之一。

1886年诞生的可乐，现在已经成为一种时尚饮品。

二战期间，人们就发现了微波烹饪食物的原理。到1947年，美国人斯潘塞获得了微波炉专利。这时的微波炉还不能广泛应用。后来，人们不断改良微波炉，提高其安全性，到1955年，市场上才出现了第一台家用微波炉。

据说，发明不粘锅的法国工程师马克，是因为总听到妻子抱怨煎鸡蛋粘锅易煳，于是他便将一种特殊材料用在了平底锅上，从而发明了不粘锅。

这个时期人们提倡环保，为保护森林，逐渐停止了纸袋的使用，开始使用塑料袋。但后来人们发现，塑料袋对环境的污染更严重。

世界大事年表

公元 1949 年

(外) 德意志联邦共和国成立。同年，德意志民主共和国成立。

(中) 中华人民共和国成立啦！

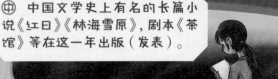

(外) 苏联发射第一颗人造地球卫星。

(中) 中国文学史上有名的长篇小说《红日》《林海雪原》，剧本《茶馆》等在这一年出版（发表）。

公元 1957 年

公元 1973 年

(外) 苏联开始出版 6 卷本的《音乐百科全书》。

(中) 中国育成世界上第一批具有强优势的籼型杂交水稻。

公元 1972 年

(外) 美国西屋公司最先向市场投放电磁灶。

公元 1980 年

(外) 世界卫生组织宣告，全球已消灭天花。

(中) 中国种子公司向美国西方石油公司转让杂交水稻技术，这是中国在现代第一次出口农业技术。

(中) 中国湖南省博物馆与中国科学院考古研究所开始发掘马王堆汉墓。

公元 1984 年

(外) 苏联 3 名航天员在"礼炮" 7 号空间站，创造了在地球外层空间滞留 237 天的纪录。

(中) 中国发射第一颗通信卫星成功。